萧茅 文
嗷呜 绘

Seasonal Diet

—Healthy and Radiant through 24 Solar Terms

江西美术出版社
全国百佳出版单位

序言

“不时不食”其实不是什么时髦的观点，最早出自《论语》：“食不厌精，脍不厌细……不时不食，割不正不食，不得其酱不食。”意思大概就是跟着时节吃。

小时候，当我带着身处现代科技时代的优越感审视这四个字的时候，总觉得这是穷酸破落的表现，正是因为古人没有冷链运输、大棚种植，所以只能看天吃饭。多么无奈而拘谨。

成人之后，不可否认，我确实享受了一段时间科技带来的美味。即使隔着大洋，我也能吃到坐着飞机而来的美国樱桃，即使窗外隆冬飘雪，盘中的芒果依旧掏心掏肺地散发着阳光的热力和芬芳……

渐渐地，你就会觉出：到底还是不一样的呀。

家中长辈常常跟我说：“什么年纪就做什么事情”。想起来，大概“吃”的道理也是一样的。

当西红柿没有活泼的酸甜，当萝卜少了清冽的气味，当青菜少了霜打之后的微甜，人们才会发现所谓的便利其实是在消磨食物的灵性和味蕾的敏锐。

每一日的等待和每一季的灌溉都不是没有道理的。风吹日晒，雨淋霜降，哪怕是一个节日或者时令，都足以为食材的滋味加分。

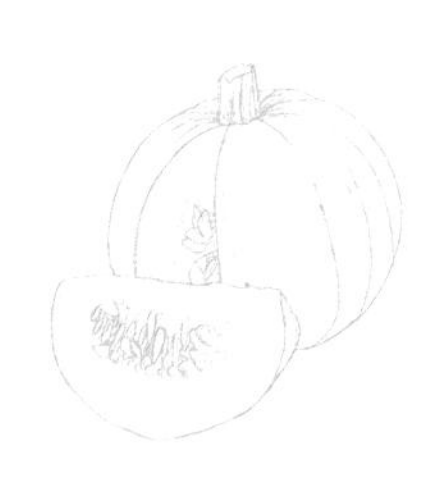

就着春江水暖的诗情下肚的蒌蒿才是报春头一声。在汪曾祺的记忆里，端午的“十二红”一定少不得红苋菜。秋风起，便是张翰思吴中菰菜羹、鲈鱼脍的时节。就连蚕豆，似乎伴着“咿咿呀呀”的社戏声响才别有滋味。

当然，不时不食是要等的，而我们往往最缺的就是耐心，殊不知愿意等、等得起才是对食物最大的诚意。

我愿意焦急而耐心地等，因为，正当时的滋味才正正好。你呢？

萧茅

二〇一七年仲秋于京

目录

Conter

010
2月3–5日
立春
芦蒿

018
2月18–20日
雨水
荠菜

026
3月5–7日
惊蛰
豌豆尖

034
3月20–22日
春分
马兰头

042
4月4–6日
清明
艾草

050
4月19–21日
谷雨
香椿

058
5月5–7日
立夏
苋菜

066
5月20–22日
小满
莼菜

106
8月7–9日
立秋
莲藕

114
8月22–24日
处暑
菱角

122
9月7–9日
白露
红薯

130
9月22–24日
秋分
木耳

138
10月7–8日
寒露
萝卜

146
10月23–24日
霜降
南瓜

154
11月7–8日
立冬
香菇

162
11月21–23日
小雪
芡实

『立，始建也。春气始而建立』。

《群芳谱》

芦蒿

Artemisia selengensis Turcz. ex

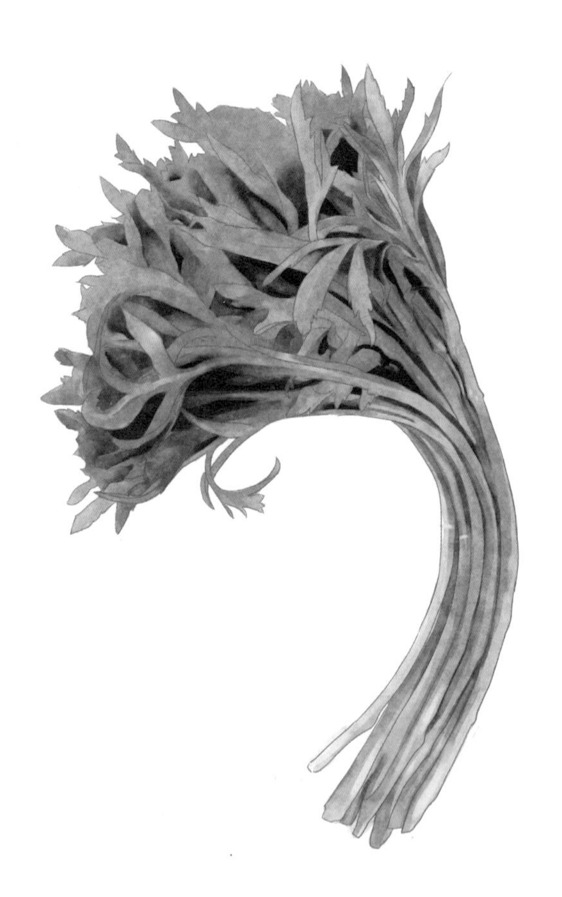

芦蒿为菊科蒿属植物，又名蒌蒿、水艾、水蒿等，嫩茎叶、根状茎。多年生草本，植株具清香气味。

尽管天还没有真正暖起来，立春已然悄无声息地给山野褪下冬装，静悄悄，慢吞吞，等到人们察觉的时候，绿绒绒的新衫已经着上。

中国古代将立春分为三候：“一候东风解冻，二候蛰虫始振，三候鱼陟负冰。”欠着的那一味东风如约来到，吹散的可不仅仅是冷凝阴云、漫天飞雪，还有在肃杀冬日里制霸餐桌的九宫格、铜锅涮肉蒸腾出的白雾。在蛰虫鸣叫和残冰泠泠声中回过神来，竟然已是“蒌蒿满地芦芽短，正是河豚欲上时”。

元丰八年（1085年），苏轼逗留江阴，为惠崇所绘的《鸭戏图》题下这首诗，却不料想让蒌蒿这种骨感纤细的水边植物成了立春的美食担当。

蒌蒿，也是傍水而居的人们口中常常念叨的“芦蒿”。对于江南人的肚肠而言，这骨骼清奇的芦蒿颇有几分名士风采，身量单薄却兜得住葱茏香气，腰肢柔软仍不忘有骨有节。旦逢上市，菜贩们总会带着几分骄傲把芦蒿放在最显眼的位置，其实大可不必如此。就拿南京人来说，在吃芦蒿这件事情上可是颇有共识的：正月芦，二月蒿，三月、四月当柴烧。这可是清俊的立春一道鲜，即便是在犄角旮旯里也总能被人寻出来！

会过日子的人们即便再喜欢也只会克制地买上一

把，这样才能不浪费每一根芦蒿里涨满的水嫩春意。哔啵几下，折成几段，水波滋养出的立春就这样肆无忌惮地溅出来，湿润了满心满肺。汪曾祺曾说芦蒿的香气是“坐在河边闻到新涨的春水的气味”。

最家常的做法就是清炒芦蒿，几乎不用劳神费力。清瘦的芦蒿在热油里走一遭，沾了华彩，添了丰润，就连一向为人诟病的寡淡都显得妩媚，香气缭绕。而在脂评本《红楼梦》第六十一回也提到了“晴雯姐姐要吃芦蒿”，而且这芦蒿荤的不好，素炒一个面筋的，“少搁油才好”。而即便人们会在一些大场面上用腊肉把一把芦蒿打扮得雍容，它总能在世俗流光的外表下保留名士清雅爽脆的秉性。

面筋炒芦蒿

食材

芦蒿、面筋

配料

油、蒜、盐、料酒

做法

面筋切细条，芦蒿去尾切寸段；

热油下蒜瓣，炒出香味放入面筋，大火翻炒几下；

加入芦蒿，翻炒2分钟后加入盐和料酒调味即可出锅。

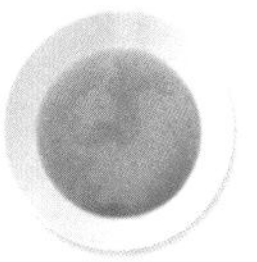

雨水

『正月中，天一生水。春始属木，然生木者必水也，故立春后继之雨水。且东风既解冻，则散而为雨矣。』

《月令七十二候集解》

荠菜

Capsella bursa-pastoris (Linn.) Medic.

荠菜为十字花科荠属一年生或二年生草本植物，高可达50厘米，茎直立，基生叶丛生呈莲座状，叶柄长5～40毫米，茎生叶窄披针形或披针形，总状花序顶生及腋生，萼片长圆形，花瓣白色，花果期4～6月。

过了立春，原本只是让皮肤感到绒软的春风就酝酿成了“润物细无声”的春雨。麦芒一般的雨丝飘飘然脚尖踮地，只一点点声响就足以唤醒睡眼惺忪的草木鱼虫。

人们习惯将雨水分为三候：“一候獭祭鱼；二候鸿雁来；三候草木萌动。” 水獭捕鱼，鸿雁北归，绿意萌动。不过，你可不要想当然地以为所有绿意都是慢慢蠕动着将山野占领的，因为荠菜就是一柄不按常速出鞘的绿刃。虽然常说“农历三月三，荠菜赛金丹”，但是这野蛮生长的野菜从来都争头一名，晋代夏侯谌就曾经在《荠赋》中这样形容：

“钻重冰而挺茂，蒙严霜以发鲜。舍盛阳而弗萌，在太阴而斯育。永安性于猛寒，差无宁乎暖燠。”

除了无知无畏一路向上地急性子生长，荠菜毫无章法地“圈地”也会让人吓一跳！荠菜按照叶片的造型一般分为板叶荠菜和散叶荠菜，板叶荠菜叶片圆滑，而散叶荠菜则是锋利的锯齿状，看起来更像是有故事的野菜，所以在风味上也更为鲜美。不过无论是什么样的荠菜，几乎都在“长高”这件事情上毫无兴致，它们喜欢的是洋洋洒洒贴着地面铺陈开来，像是最先滴在春日画布上的一汪绿，迫不及待便要渲染开来。要把野孩子荠菜收入篮中可不是简单的事情。倘若只是随手用铲刀劈几下，荠菜会宁为玉碎一般零散成一把残叶，你必须要花上耐心将周遭的泥土挖松动，然后扯着根部往上提，抖落掉泥土，才能得到一棵完整漂亮的荠菜。采摘回去的荠菜即便看起来垂头丧气，只要在清水里浮沉几下，便又绿得没心没肺了。

荠菜之“野”不仅在于生长，更是骨子里的味觉。在几千年的历史上，人们不止一次尝试来驯化这种鲜到让人产生晕麻的味道。爱吃鬼苏东坡用它煮山羹，在吃客汪曾祺的故乡，它被和以香干垒成宝塔，而在江南，人们更愿意用一方馄饨皮牢牢圈住这一不留神就撒欢儿乱跑的滋味。荠菜打头，猪肉点缀，到哪里都风头无两的油荤在锋芒毕露的“野”菜面前只得化作绕指柔，一点油星恰好丰润了入口那一瞬间的粗粝微麻，野得精致非常！

拌荠菜

食材

荠菜、香干

配料

姜米、香油、醋、虾米（视口味喜好选用）

做法

荠菜焯过，碎切；

香干切碎成细丁，与荠菜拌匀；

加入姜米，浇上香油和醋搅拌均匀，也可以根据口味撒入虾米。

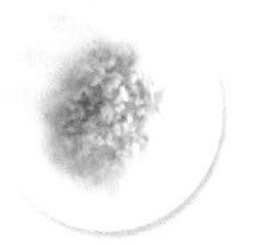

惊蛰

『二月节，万物出乎震，震为雷，故曰惊蛰。是蛰虫惊而出走矣。』

《月令七十二候集解》

豌豆尖

豌豆尖又名豆苗、龙须菜，是豆科植物豌豆的幼嫩枝叶。

惊蛰是闹腾的。如果之前吹面不寒的杨柳风和沾衣欲湿的杏花雨都没能叫醒沉睡的生灵，那么就痛痛快快地用几个惊雷呼朋引伴，开始春天的狂欢。桃花的脸颊红扑扑，黄鹂布谷争相开嗓，春耕不能歇，而这个时节的豌豆尖正是最好的年华——年轻却丰润，嫩到掐出水来。

掐豌豆苗是最容易让小孩子有成就感的农活之一。那么一小段颤巍巍傲立在豌豆枝蔓的顶端，许是刚刚萌芽不久，总是有着最通透的绿色，极浅的绿是一段鲜嫩豌豆尖的标志之一。年轻的豌豆尖是不会有叶脉，那是上了年纪的豌豆苗叫日头刻上的皱纹。豌豆尖的杆子粗壮却嫩脆才会带来最好的口感。薄薄的外皮下，里面似乎鼓满了水分，小孩子看准了，轻轻一拧，它就爽快利落地与茎蔓分离。

为什么人们更乐于称之为“豌豆尖”呢？不仅仅是因为取豌豆枝蔓的顶端，还因为那妖娆非常的尖儿，打着旋儿生长，纤细柔弱，却极其张牙舞爪。在孩童的眼里，那是豌豆尖不听话的头发丝儿，现在看来，倒像是精心舞出的水袖。浅绿，尖儿，叶薄，没一样耐得了过分烹炒，所以炒豌豆尖讲究的就是手快。旺火烫锅热油，豌豆尖下锅变软就可以了。倘若要想让一碗阳春面显得不那么敷衍，老人家也会烫几根豌豆尖作为点睛，而那几缕新绿一定是要留到最后，浸透了面汤才能下肚的。

即便一掐就断、一烫就熟，你也不要被它的一腔柔情给骗了，这可是春天里最静不下来的生物之一呀！惊蛰催生，被掐过的豌豆尖总能在几场春雨过后便蹿出新的苗儿，实在是辣手掐不尽，春雷惊又生。大概这个时节大家都是忙碌的，豌豆尖忙着生长，人们忙着生活。

清炒豌豆尖

食材

豌豆尖、蒜

配料

油、糖、盐

做法

将豌豆尖洗净；

油锅烧热，下蒜片爆香；

加入豌豆尖，大火翻炒至变软，加入糖、盐调味即可。

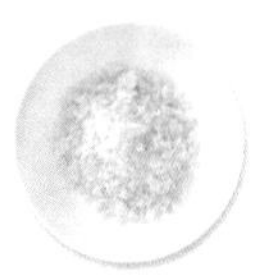

春分

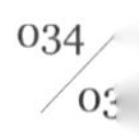

『至于中春之月，阳在正东，阴在正西，谓之春分。春分者，阴阳相半也，故昼夜均而寒暑平。』

《春秋繁露·阴阳出入上下》

马兰头

Kalimeris indica (L.)

马兰头又名马兰、红梗菜、鸡儿肠、田边菊、紫菊、螃蜞头草等，属菊科马兰属多年生草本植物。马兰头有青梗和红梗两种，均可食用。

在周作人的《故乡的野菜》中有这样一句儿歌：

“荠菜马兰头，姊姊嫁在后门头。”

作为春天里最常见的野菜之一，马兰头看起来可比荠菜纯良可爱得多。没有那些时刻绷着一股劲儿的锯齿状叶片，马兰头的叶片是更加饱满的椭圆形状，就算偶尔分裂出几个齿状，也是柔和无害。有些马兰头也会有绒毛，像是婴孩的脸颊，自带柔光。

在周作人印象中，“马兰头是浙东人春天常吃的野菜，乡间不必说，就是城里只要有后园的人家都可以随时采食。”这样看来，野蔬之所以讨人喜爱除了质朴，还是人人平等呢，甚至寻常人家可以更多几分亲手采摘的野趣。

如果天气好，在这个时节，你可以在江浙地区的田埂上看到很多大手拉小手，小手挎竹篮的有趣场面，这是挑马兰的亲子活动。与挑荠菜不同，挑马兰头常用的工具是剪刀。乖巧的外表直叫人舍不得连根拔起，只能贴着地皮剪断，将根留在泥土中。

马兰头要怎么吃？最会吃的袁枚在《随园食单》上说可以这样吃："摘取嫩者，醋合笋拌食。"也有人用来清炒或者晒干烧肉，但是翻炒总免不了蒸腾去几分灵妙，最好是循着汪曾祺的方子，烫熟切碎，淋香油，拌香干。用浓郁流光的体面外表兜住沙沙麻麻的清新口感，似十里洋场的纨绔公子，将人撩拨得满眼恼怒却满心欢喜。不过，请记得，要与这位公子有个最美味的邂逅，请一定赶在清明前，否则可是"人比黄花瘦"了。

马兰拌香干

食材

马兰头、香干

配料

糖、盐、香油

做法

马兰头用开水烫熟，挤干后切碎；

加入切成碎丁的香干，搅拌均匀；

加入盐、糖调味，淋上香油拌匀即可。

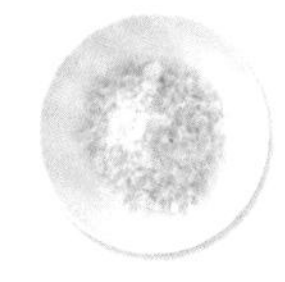
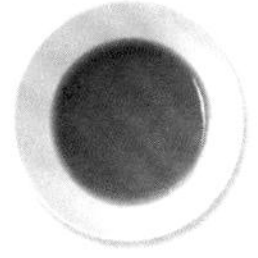

清明

『春分后十五日，斗指丁，为清明，时万物皆洁齐而清明，盖时当气清景明，万物皆显，因此得名。』

《历书》

Artemisia argyi Levl

艾草

艾草又被称为萧茅、冰台、遏草、香艾、蕲艾、艾萧、艾蒿、艾蒿、蓬蒿、艾、灸草、医草、黄草、艾绒等。多年生草本或略成半灌木状，植株有浓烈香气。

清明是祭祀的节日，在这个时节最适宜做的便是追忆，但随着人们去乡野间祭祀祖先，这个节日却意外地演变成了踏青节，早在《荆楚岁时记》就曾经记载：“三月三日，四民踏百草。时有斗百草之戏，亦祖此耳。”此时正值草长莺飞，树木生发，艾草也不可免俗地随了一次大流，力争分得一叶春色。

早在清明真正来临前，青团大战总是先一步打响。无论是豆沙、鲜肉还是最近大热的肉松蛋黄，馅料百变，但是标志性的青色外皮总还是不能丢的。

袁枚在《随园食单》里面记录了青团的制作方法，读来甚是简单："捣青草为汁，和粉作团，色如碧玉。"何为青草？现在有用鼠曲草或者麦青的，但是旧时人们近乎是信仰艾叶草的欲滴绿意。

有院子的家庭会在庭院里植几株艾草，后来大多从菜场买。在水里焯过之后，碾碎成泥状。糯米和粳米按照老人心中最精密的比例混合，再和入艾叶。轻柔慢捻，间或有深沉的绿汁渗出来，叫人仿佛看到仲春潺潺流走了。叶片掺杂在浅绿的面团里，斑斑驳驳，却丝毫不显陈旧，反倒质朴得可爱。

揪一小团，在手心旋转，压出一个玲珑的凹陷，填进自己制的细腻豆沙，再旋一圈，扯下多余的面团，大拇指一抹就抚平了收口处。码在竹匾刷上一层油再入蒸笼，等到你拨开层层热气的时候，它们已经化成一滴滴清波了，那简直是清明时节让人断魂的风光。

青团

食材

艾叶、豆沙、糯米粉

配料

无

做法

艾叶取尖端，洗净焯熟，切碎备用；

糯米粉加温开水后加入艾叶揉搓均匀；

将面团搓成长条，切成剂子。将剂子搓圆，在中间压出凹陷，填入豆沙，封口；

在青团上刷一层油，上锅蒸15~20分钟即可。

『清明后十五日，斗指辰，为谷雨，三月中，言雨生百谷清净明洁也。』

《通纬·孝经援神契》

香椿

Toona sinensis (A. Juss.) Roem.

香椿是香椿属落叶乔木，雌雄异株，又被称为香椿芽、大红椿树、椿天等。人们一般食用的是椿芽，异香扑鼻，营养丰富。

谷雨是香椿一生的转折点。

老人家有一种说法：吃香椿要趁早。清明一过，香椿就可以吃起来了，而在谷雨前采摘下来的香椿芽正好在最美的时光。

刚刚冒上枝头的香椿芽是暗红色的，仿佛是初生的婴孩，皮肤还薄，毛细血管里流淌的鲜红血液都毫不遮掩地透出来。叶子蜷缩着，缓一缓才似眉眼一般长开。年少不知愁的香椿芽在这个春日最后的一个节气里招摇，就连蓬勃的香气也不晓得遮掩，膨胀开的奇异香气吸引着香椿树下的孩子。踮起脚尖，勾住一根枝椏，拇指食指一使力，便摘下暗红的一朵。孩童的残忍大抵在这里，毫无怜悯就断送了香椿芽的未来。孩童的聪慧也正是在这里，毕竟等到香椿泛青，它便不是原来那朵美味的香椿了。

离了树的香椿没有了精气神，很快就会垂头丧脑，所以要赶紧料理。如果你是从市场买的香椿，请一定靠近嗅一嗅，因为有些人会用臭椿树的椿芽来冒充香椿芽。稍微洗净之后，取一掐就断的稚嫩部分，切碎之后混上鸡蛋，滑进热油锅里。随着一阵热闹的尖叫，鸡蛋边缘鼓起硕大的裙边，里面灌满了香椿的清雅香气。无需其他过多的调味，撒一小撮盐就是最好的雕琢。年轻的香椿，本就是天生丽质难自弃的呀，任由天然去雕饰就是美味的成全。

香椿炒蛋

食材

香椿、鸡蛋

配料

盐、油

做法

香椿洗净，在水中焯一下备用；

鸡蛋打散，放入切碎的香椿，撒一点盐调味；

将香椿和鸡蛋倒入油锅中，炒到蛋液凝固蓬松即可。

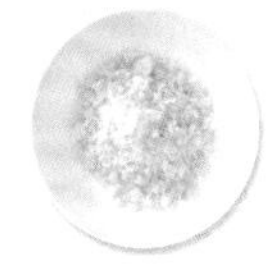

立
夏

『斗指东南，维为立夏，万物至此皆长大，故名立夏也。』

《历书》

Amaranthus tricolor L.

苋菜

苋菜又名雁来红、老少年、三色苋，苋科苋属一年生草本，茎秆粗壮，叶片软滑，有红绿之分，可食用，口感甘甜。

立夏是闹腾的开始。蝼蝈鸣，蚯蚓出，王瓜生，一切都铆足了劲儿的野蛮生长，同样静不下来还有在逐渐精神的日头和在愈发有力的雨点子里疯跑的孩子。

这个时候的寻常餐桌上最常见的便是苋菜。苋菜长得是极为讨巧的，一颗颗都扬着无辜的桃形脸，绿色的是天真无邪，带点红的是一片红云飞入颊边。

照理是一张年轻的脸，为什么要叫它“老少年”呢？原因大概有很大一部分要归咎于苋菜过于沧桑的根吧。须髯丰茂，纠结着泥土，就连常年不见光的茎秆也染成了苍老的姜黄色。想起以前老人将苋菜搬上街市贩卖之前，总要细细在砖石上摩擦苋菜根，直到堆起细密的白色泡沫，用水冲净，根才白嫩光滑。这样漂亮的少年苋菜总是能卖个好价钱，实在称得上是诚意十足的狡猾了。

论起有趣来，红苋菜总是比绿苋菜更能引人注目。紫红的汤水里窝着一蓬外表鲜绿，展开却有红颜的苋菜，对于少见多怪的孩童而言，无疑是哄劝其多吃蔬菜的精彩把戏。事实上，苋菜也是不负众望的。叶片肥厚，入口是华丽的丝滑感，而且甘甜非常，经常会给人“这难道是红菜和甜菜爱的结晶”？

而浙江人更喜欢将苋菜养到粗壮，这样的老苋菜是炒不得了，便能顺理成章而理直气壮地制成很多人不能接受的臭苋菜梗。切段蒸熟的苋菜梗浸入臭卤发酵，取出时臭得令人退避三舍，壮起胆子尝一口，生脆爽口里藏着令人惊艳的鲜美。果然，寻味之旅本身就是一场冒险。

上汤苋菜

食材

苋菜、火腿、松花蛋、蒜

配料

高汤、盐、油

做法

苋菜洗净去根，火腿切粒，大蒜去皮，皮蛋切丁备用；

油锅六成热的时候下火腿和大蒜煸炒；

倒入苋菜翻炒1分钟；

倒入高汤，放入松花蛋，用中火煮3分钟，加盐调味即可出锅。

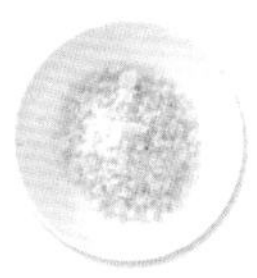

小满

『四月中，小满者，物致于此小得盈满。』

《月令七十二候集解》

莼菜

Brasenia schreberi J.F.Gmel.

莼菜又名蓴菜、马蹄菜、湖菜等，是多年生水生宿根草本。夏季抽生花茎，开暗红色小花。

小满，说来总有尚未圆满的遗憾，让人分外挂念好食美食来将这缺憾填满，于是夏日里的莼菜鲫鱼羹便成了风雅与风味并存的好食之选。

莼菜的神圣地位少不了一个人的推波助澜——西晋文学家张翰，著名的“莼鲈之思”就是出自于他。此君有一日见秋风起，想起故乡吴郡的菰菜、莼羹、鲈鱼脍，大叹一声：“人生贵得适意尔，何能羁宦数千里以要名爵！”随即弃官还乡。本就是洒脱之人，却无端让莼菜担了责任，凭空让这原本口味无奇的水中浮草酿成了思乡的情绪。引得后来的叶圣陶也在上海挂念起故乡春天的莼菜。就算没有味道，仅凭嫩绿的颜色和一盅诗意，就足够让人回味无穷了。

莼菜的妙处到底在哪里？幼时自然读不懂一叶承载着的诗意，不过《耕余录》倒能给人回想的根基："蓴味略如鱼髓蟹脂，而轻清远胜，比亦无得当者，惟花中之兰，果之荔枝，差堪作配"。也正是叶圣陶所说的："莼菜本身没有味道，味道全在于好的汤。"不过这也算不得准，好汤多得是，却独一味莼菜教人念念不忘，想来最让人着迷的是幼叶和嫩茎中的黏液。丝丝缕缕，绵软黏糊，残留在唇齿间别有暧昧的藕断丝连之感，又因为带着水的通透，不显拖沓，反而清凉。这或许就是莼菜天使又魔鬼的一面吧。

西湖莼菜羹

食材

莼菜、鸡胸肉、火腿

配料

盐、高汤、淀粉、芝麻油

做法

莼菜洗净，火腿切丝，鸡胸肉煮熟撕成细丝备用；

在锅中倒入高汤，煮沸后加入莼菜；

再一次煮沸后加入火腿和鸡胸肉；

用水淀粉勾芡；

加盐调味，关火，装盘后淋上一点芝麻油即可。

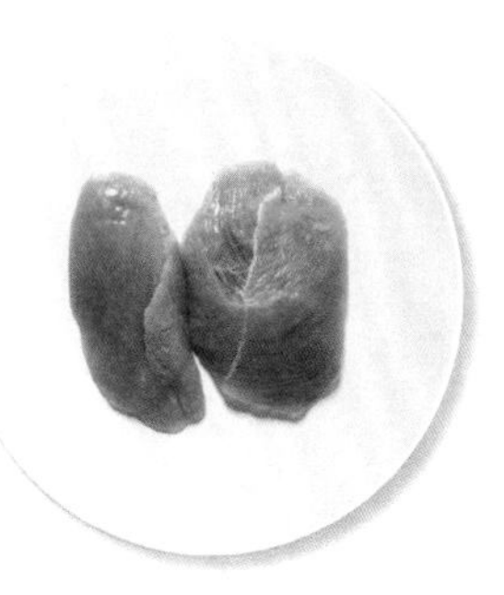

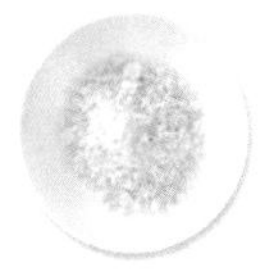

芒种

『五月节，谓有芒之种谷可稼种矣。』

《月令七十二候集解》

茭白

Zizania latifolia (Griseb.) Stapf

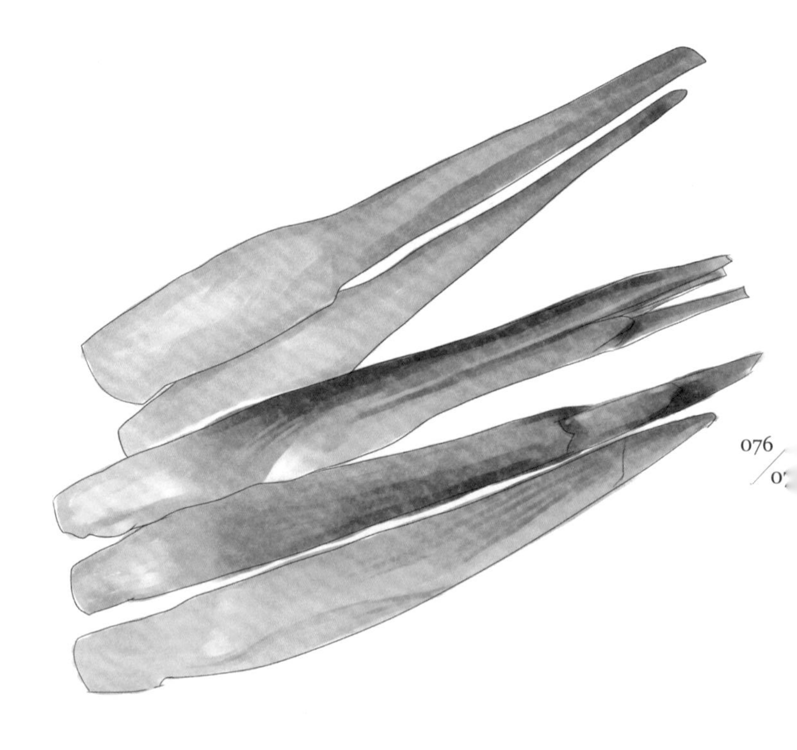

茭白又名高瓜、菰笋、菰手、茭笋、高笋。是禾本科菰属多年生宿根草本植物。在唐代以前，茭白被当作粮食作物栽培，它的种子叫菰米或雕胡。菰因感染上黑粉菌而不抽穗，茎部不断膨大，逐渐形成纺锤形的肉质茎，这就是现在食用的茭白。

芒种注定是闹忙的。“有芒的麦子快收，有芒的稻子可种”，衬着这名号，人们开始劳作。街市上石榴花欲焚，微小却炽烈的火花扑闪在长江中下游地区也进入了多雨的黄梅时节。

这是难得的让人想要安静下来的时候。雨点极细密，在天地之间织成一张无所遁形的网，将人牢牢捕住。这个时候如果你在江南，最常见的便是一老一小，你搬一张藤椅，他捧一个板凳，然后两个身影便安安静静地坐在门口看雨听风。

等到饭点，无需言语，孩子就帮忙摆起一张小桌，老人则是从厨房端出一盘油焖茭白。这是一碗看起来热闹至极的家常菜。嫩白的茭白油光水润，咬到口里，脆依然是脆的，却极为安静，不出一点声响，一如茭白从始至终的温厚。

生长在水中的茭白总是清淡的。它的外皮是青烟一般的绿，内里是带着嫩黄的温润白色，就连味道都是隐约的清水味。这样清冷的茭白铁定是要浓油赤酱来点化的。在铁锅里一相逢，恰似金风玉露，胜却人间无数。茭白自带的滑嫩耐得住翻炒，深藏的甘甜却像被打开了一个缺口般涌出来，一入口便是惊艳。

油焖茭白

食材

五花肉、茭白

配料

姜片、干辣椒、八角、生抽、白糖、盐、油

做法

去皮洗净的茭白切块备用；

五花肉用于借味，不必太多，切一寸见方，下姜片，水焯去血水；

在锅里倒入油，放入八角和姜片，用小火逼出香味；

放入五花肉翻炒，可再加少许糖和黄酒；

五花肉盛出，下茭白翻炒直到边缘焦黄；

盛出茭白再放入干辣椒，炒一会儿之后再放入茭白、五花肉翻炒；

放入生抽炒均匀后，放点水，大火煮开后小火焖煮，最后收汁即可。

夏至

『日北至，日长之至，日影短至，故曰夏至。至者，极也。』

《恪遵宪度抄本》

蚕豆

Vicia faba L.

蚕豆，又叫胡豆，佛豆，相传是西汉张骞自西域引入中原。江南一带，喜欢在立夏时节食豆，因此又称作立夏豆，宁波人则习惯叫倭豆。

这一天北半球迎来了最长的白昼，而要打发这漫长白日，最惬意的莫过于嗑一盘蚕豆。没错，就是嗑，对于江浙地区的人们来说，蚕豆扮演的角色似乎早已经从餐桌跳脱，而成了嘴巴寂寞时最好的消遣。

蚕豆在水乡也被叫做“罗汉豆”。鲁迅曾经在《社戏》中描写了一段偷食蚕豆的经历，他将其称为“罗汉豆”。小伙伴们偷摘正旺相的罗汉豆，在船舱生火煮豆，趣味得紧，也只有这样的淘气顽皮才衬得上“罗汉豆”这个逍遥的名字。

稚嫩的豆荚是清爽的绿色，趁着最嫩的时候采摘下来，无需料理就可以剥开便吃。软绵绵的口感像小爪子一般撩拨着味蕾。等到长到鲁迅偷摘的乌油油的蚕豆，那最好就是煮食了。

蚕豆和葱油是天然的绝配。脱俗的油润浸入蚕豆，热火烹之，加足料，豆儿瞬时皮开肉绽，场面是壮烈的，吃起来却是含情脉脉的。嫩蚕豆的皮都可以吃下去，豆子湿润糯软，吸足了味道变得风情万种。

半老徐娘的蚕豆也是吃香的。夏日里炖汤，撒一把豆瓣下去，慢慢煮到酥烂，谁还吃得出那几分浅薄的沧桑。即便再老迈一些，还可以阔气地和咸菜一起炒了。蚕豆的豆腥混上咸菜的微臭，简直是一种刺激，针尖一般刺在疲软的胃口上，一碗米饭见底完全不在话下。再不济，孔乙己念念不忘的茴香豆也能让人一颗接着一颗，根本停不下来。

葱油蚕豆

食材

蚕豆、小葱

配料

盐、白糖、油

做法

葱洗净之后切段，放入热油中熬煮至小葱变黄，沥出葱油备用；

将蚕豆放入葱油中翻炒至爆开；

加入少许水，加入盐和糖调味；

翻炒到入味之后，撒上葱花即可。

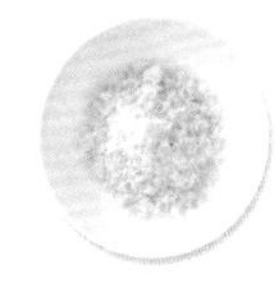

小暑

『暑，热也。就热之中分为大小，月初为小，月中为大，今则热气犹小也。』

《月令七十二候集解》

绿豆

Vigna radiata (Linn.) Wilczek

绿豆属于豆科，别名青小豆，在中国被广泛食用，皮能清热，肉能解毒，是家庭常备消暑良品。

小暑到，温风至。等到这个时候，大地蒸腾出的热气再也掩盖不住了，难得有一丝风，吹到身上也不再有凉爽之感。若一定要说出解燥热的良药，那一定是几乎家家都备一锅的绿豆汤。绿豆大概是委屈的。世人皆把情绪寄托在了生于南国的红豆上，对于绿豆，难免疏忽。不过这是尚且处在你情我爱中的男女们，一旦男女落入柴米油盐中，绿豆就比红豆更吃香几分，尤其是在将人憋得冒汗的小暑时节。

绿豆汤可以简单也可以繁复。若是只想要以它解毒清热，那沸水中滚下绿豆，再一次煮开便能饮用。但是对于姑苏人家来说，绿豆是值得被虔诚对待的。绿豆里头要加入糯米来增加缠绵的口感，为了起到立竿见影的清热之效，还要入一味冰镇薄荷水，一口入喉，肚肠里就刮过一阵善解人意的凉风。

很多孩子小时候对于绿豆是排斥的，也不少针对它，似乎孩子与豆子有着天生的敌对关系。玩到满头大汗，起了一身痱子的孩子总是叫妈妈心疼。有巧思的主妇会熬煮一锅沙沙的绿豆汤。原本利索的绿豆在长时间的熬煮中也变得温和，这时候在汤中放下一块牛奶小冰砖，还不待招呼，天生嗅觉灵敏的孩子自会寻去，捧一只深碗，撇去豆，只舀汤，当然，这些只是铺垫，全是为了最后用勺子刮下一块冰砖，思量一下，再悄悄多刮一勺，这是每日冰激凌之外的惊喜。

绿豆汤

食材

绿豆

配料

冰糖

做法

绿豆先浸泡10分钟，取出沥干，放入冷冻室，这可以帮助绿豆更快煮开花；

绿豆冻成块之后取出，先加少量水熬煮到开花；

然后再加大量水将绿豆汤煮开；

最后放入冰糖，待冰糖融化即可。

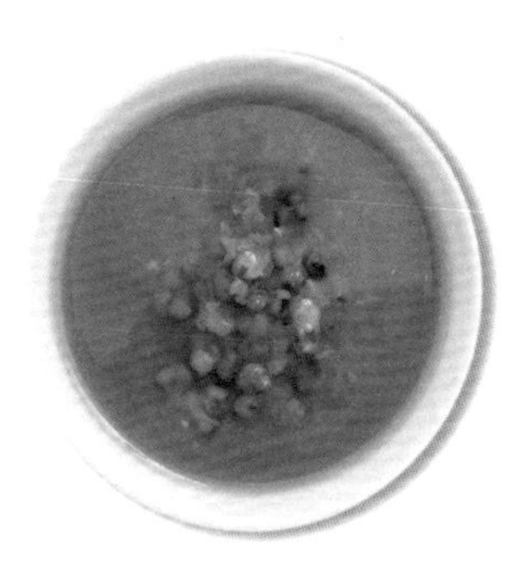

大暑

『小暑后十五日斗指未为大暑，六月中。小大者，就极热之中，分为大小，初后为小，望后为大也。』

《通纬·孝经援神契》

冬瓜

Benincasa hispida (Thunb.) Cogn.

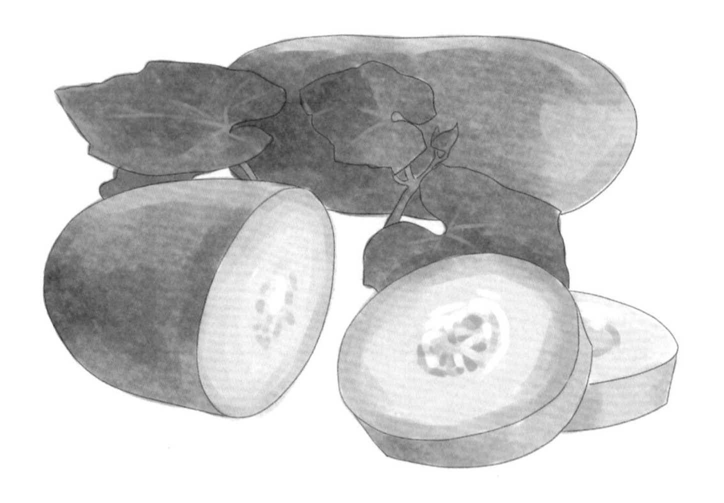

冬瓜是葫芦科冬瓜属一年生蔓生或架生草本植物，茎被黄褐色硬毛及长柔毛，有棱沟，叶柄粗壮，被粗硬毛和长柔毛，果实长圆柱状或近球状，有硬毛和白霜，种子卵形。

大暑正值“三伏天”里的“中伏”前后，是一年中最热的节气，且不是让人无端生烦的燥热，而是湿热。古人说大暑的三候：“一候腐草为萤；二候土润溽暑；三候大雨时行。”这时最常见的便是白日里热气绷得紧紧的，却在午夜突降一场暴雨，直把人的梦境都打湿几分，不止如此，这场恣意的雨还要落进冬瓜里，酿出柔软的甘甜之味。

冬瓜虽然看起来跟“冬天”更有渊源，其实是夏日餐桌的霸主。说它是霸主，不仅仅是因为它能在暑期正盛的时节常踞一角，也是因为它霸气外露的相貌。如果不是自家种的冬瓜，你很少会见到有南方家庭备足一整个冬瓜的。虎头虎脑的冬瓜属于植物中的大块头，外表覆着白霜，这也是它得名的原因之一。因为冬瓜之巨，菜场的小贩总是按照“轮”来卖的，刀锋间的丈量足见生活的精打细算。从淡青到透明，色清雅而味清香，霸王褪去绿甲，里头竟然藏着一个温润如玉的大家闺秀。

冬瓜是软的，是有格的那种软。切成小块，与排骨一起炖煮，不知道是谁感化了谁，抑或是两者在翻腾的汤锅里暗许了些什么，排骨变得软烂而清甜，而冬瓜则变得酥绵而华贵。涎着亮晶晶的几缕银丝，放在嘴里抿一抿就化了，而最外层还是如玉一般清透、清脆。

冬瓜排骨汤

食材

排骨、冬瓜

配料

盐、姜、料酒、葱

做法

将冬瓜切成块状；

排骨洗净后先在水中焯一下备用；

将排骨放入足量清水中炖煮45分钟，直到排骨软烂；

然后加入冬瓜，用小火煮15分钟；

最后加盐调味，撒上葱花即可。

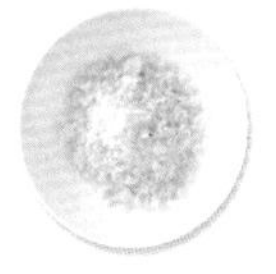
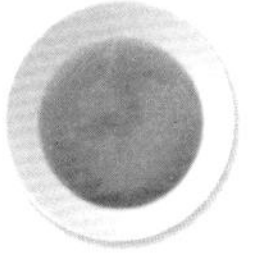

立秋

『立秋，七月节。立字解见春。秋，揫也，物于此而揫敛也。』

《月令七十二候集解》

Nelumbo nucifera Gaertn

莲藕

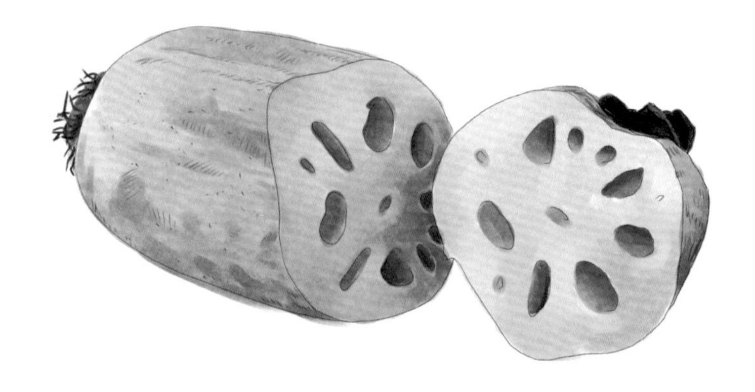

莲藕是莲肥大的地下茎，口感微甜爽脆，营养价值很高。

似乎莲从来都要比藕光鲜太多。从古至今，诗人们总是不吝惜用任何美好的字词来描绘“莲”的优雅从容。前有李白的“清水出芙蓉，天然去雕饰”，后有周敦颐叹一句“出淤泥而不染，濯清涟而不妖”。于是便有人耿耿于怀道：“身处污泥未染泥，白茎埋地无人知。”其实这倒大可不必，毕竟每到立秋，嘶哑着嗓子鸣叫的寒蝉便是头一个提醒人们食藕进补的信使。

其实，每年挖藕的浩大工程从7月就开始了，一直持续到来年5月。这是一项极其细致的工作，甚至可以称之为手艺活儿。为了不伤害鲜藕，挖藕工只能手工采挖，慢慢摸索着莲藕的生长脉络，尽量完整采出这深藏的宝贝。

莲藕讲究藕节短，藕身粗。新鲜的莲藕乍一眼看去就蒙着一层水雾，每一个细胞都似乎涨满了水汽。去头尾，切成段，打藕尖数起的第二节莲藕味道是最丰润的。咔咔咔，声音听着爽快，眼下藕片与藕片之间却还连着丝，这便是莲藕的多情所在。

在生产莲藕的湖北，人们习惯将排骨与莲藕同炖，而在喜好甜糯的江南，一种更精细的佳肴也用藕制成。糯米填满莲藕的每一孔，蒸熟之后淋上一勺香气逼人的桂花糖露，那可真的就是活色生香了。

糯米藕

食材

莲藕、糯米

配料

冰糖、桂花糖露

做法

莲藕去皮洗净，切下一端的藕节；

将混合着冰糖的糯米填塞进藕孔中，并用筷子压实，然后封上切口；

上锅用大火蒸1个小时，取出之后切成薄片，淋上桂花糖露即可。

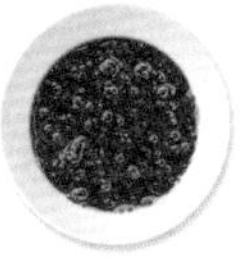

处暑

『处，去也，暑气至此而止矣。』

《月令七十二候集解》

菱角

Trapa bispinosa Roxb.

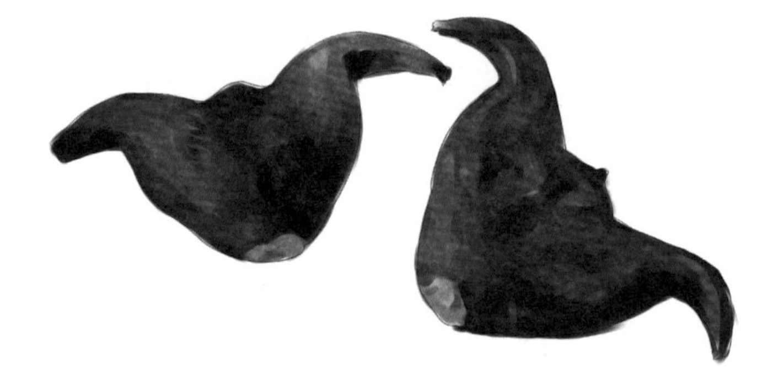

菱角是一年生草本水生植物菱的果实，可以食用，皮脆柔美。二角为菱，形似牛角。三角、四角为芰。

暑气到此终于将歇，趁着天气逐渐凉爽，便可以去采菱角了。

身上安了长矛的菱角悄无声息地隐身在水中，头顶着宛如花朵的叶片。即便菱角的棱角分明，但是水生植物的含情倒是落不掉，每逢五六月间，菱还会在夜间开白色的花，日出则闭合。

采莲有曲子，采菱自然也少不了。在李白听来是“菱歌清唱不胜春”，而陆游看到的则是“深红菱角密覆水，烂紫蒲桃重垂架。”甚至简文帝也为其提笔赋诗：“菱花落复含，桑女罢新蚕。桂棹浮星艇，徘徊莲叶南。”

在江南，你可以找到青色、红色和紫色的菱角，颜色虽不同，吃法却是相同的。新鲜采来的菱角洗净之后入水煮熟就可以了，绝不是敷衍偷懒的吃法，菱角本身的清甜就是最值得呵护的宝贝。

吃菱角不啻为一场斗智的游戏，掌握好角度在菱角腹部咬开一个口子，捏住两头的尖尖角一扯，沙沙绵绵的淡粉菱肉便蹦出来。因为中间也有尖角，首先要避免它刺中牙床，其次还得提防两头尖角划伤面颊。等到你以为终于可以松一口气了，猝不及防就被指尖刺痛惊醒。

当然，也有更细致的吃法，比如《红楼梦》中凤姐在大家伙儿吃蟹饮酒时送上的小点“菱粉糕”，但是一派和气的糕点早已失了菱角的铮铮傲骨，吃来大约总不是个味道吧。

煮菱角

食材

菱角

配料

无

做法

用小毛刷将菱角清洗干净；

放入锅中，加入足量的水，大火烧开后再用小火煮45分钟即可。

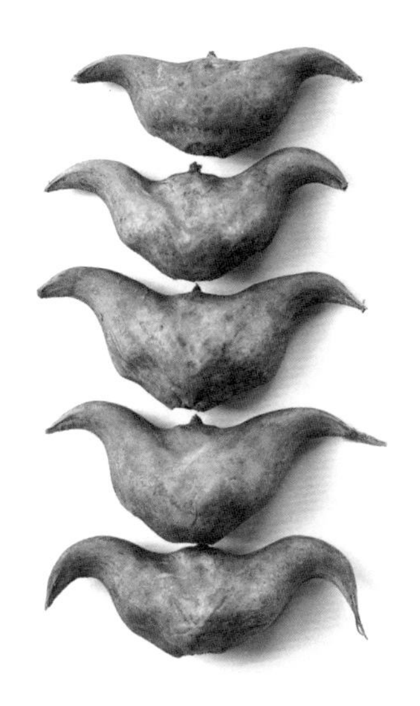

露

『秋属金，金色白，阴气渐重露凝而白也。』

《月令七十二候集解》

红薯

Ipomoea batatas

红薯又名红玉、甘薯、番薯、番芋、地瓜，属管状花目，旋花科一年生草本植物，外皮土黄或紫红，肉质甜脆。

白露是一夜之间发如雪的时节。入梦之前一切还是熟悉的样子，等到伴着晨雾醒来，万物便生出了一层绒白的胡茬。它们轻而薄，消解时悄无声息，正如降临时的无知无觉。

当然，并不是真的无觉，人们只会后知后觉地感受到来自秋天的沁凉，尤其是在杜甫那首“露从今夜白，月是故乡明”总是无端在清冷的夜晚打开一道门缝，往里头瞥一眼，故乡的月亮倒不见得有，但一定是有一枚烘山芋的。

山芋似乎是故乡对红薯的特有说法，走出那方小小天地之后，这便成了他乡遇故人的接头密语之一，每每谈起，不约而同说起的总是学校门口卖烘山芋的大铁皮桶。

烘山芋大概只有从双手黑漆漆的老伯手里接过来，味道才是对的。他站在一米多高的大铁皮桶后边，一遍遍打量着摆在桶面上的山芋，而那口深深的桶里到底装了多少山芋，从来没有人知道。

烘山芋是论斤卖的，但不是说越大便越好，反倒是细长娇小的味道最佳。挑选的时候嘴甜的可以拜托老伯给挑一个好的，但是迫切希望长大的学生大多更相信自己的选择。挑一个表皮陈旧，却覆着一层透明的亮黄色糖浆的准没错。拿到手里不顾烫手，先掰成两段。都说秋天是金色的，而其中最浓墨重彩的金黄一定是在山芋里。好的烘山芋不仅甜入心脾，口感更是如水墨一般轻盈，在口中一抹就开，再一抿就化了一般。

在放学回家的路上匆匆吃掉一枚烘山芋，临近家门之前一定记得抹干净嘴巴，切勿留下黑色痕迹。也许更多时候，人们享受的是这种冒险的乐趣，直把最接地气的烘山芋都渲染得“不足为外人道也”，正如钱钟书在《围城》里所说“烤山薯这东西，本来像中国谚语里的私情男女，‘偷着不如偷不着，’香味比滋味好；你闻的时候，觉得非吃不可，可到嘴也不过尔尔。”

烤红薯

食材

红薯

配料

无

做法

将烤箱预热到200度，红薯洗净擦干备用；

在烤盘中铺一层锡纸，然后放上红薯；

在中层烤20分钟，然后将红薯翻一个面，继续烤20分钟即可。由于红薯大小不同，烘烤时间需要按实际调整，用手捏一下红薯，如果质地很软就说明熟了。

秋分

『秋分者，阴阳相半也，故昼夜均而寒暑平。』

《春秋繁露·阴阳出入上下篇》

木耳

Auricularia auricula (L.ex Hook.) Underwood

木耳是木耳科真菌，从颜色上可以分为白木耳和黑木耳。黑木耳状如耳朵，边缘呈现波浪状，质地柔软，薄而有弹性，味甘性平，味道鲜美。

秋分是平分秋天的节气，在这一天，昼夜平分秋色，在凉意正式降临之前，人们享受着最后的和谐与平衡。在这样温润无害的时节里，不温不火的黑木耳似乎是绝好的搭配。

小时候总是对黑木耳有某种神秘的虔诚，以至于害怕吃它。小孩子似乎总对“死”这件事情有着天然的避讳，而黑木耳又总是朽木相伴。它凭借一场秋雨的助力，从枯木的伤疤里钻出来，看起来是破体而出，又像是无声无息地蚕食掉了一整棵树。再加上诡谲的颜色和奇异的形状，一簇簇，黑色的耳朵，时刻都仿佛在窃听着什么。

可是主妇们却对这种生物情有独钟，尤其是在一日冷过一日的季节里。用来炒山药，与芥末凉拌，或者大费周折地做一道鱼香肉丝，变着花样儿地吸引小孩对木耳的兴趣。

反倒是长大之后，对于木耳的感官却走向了天平的另一端，从极其害怕变得极其亲近。虽然生长于枯败，却完全没有腐朽陈旧的味道，反而心平气和得很，似乎完全不在意自己所处的境地。大朵如云的木耳柔软轻盈，口感是清脆的。与唇齿碰撞之间像那一场催生它们的秋雨不曾停歇地敲打在了口腔中，泠泠作响。木耳是极随和的，给它什么味道都能挂得住，唯一让你分辨出的便是那一缕若有若无的清香。绝非哗众取宠，争奇斗艳，这是最不经意间泄露的蛛丝马迹。也许总要经历一些什么，长大了不少，人们才能真正了解木耳：生于朽木，却随遇而安。

木须肉

食材

猪肉、黑木耳、黄瓜、鸡蛋

配料

酱油、糖、盐、胡椒粉、淀粉、葱、生姜、大蒜、油

做法

将木耳洗净泡发，分成小朵备用；

黄瓜切片，葱姜蒜切成蓉备用；

猪肉切片，放入盐、糖、酱油、胡椒、葱姜蒜、淀粉和蛋清进行腌制；

鸡蛋搅拌入葱花，加盐调味之后下热油锅翻炒几下后取出；

在热油锅中放入肉片翻炒；

再加入黄瓜和木耳翻炒，加盐调味；

最后将鸡蛋也倒入锅中炒匀即可。

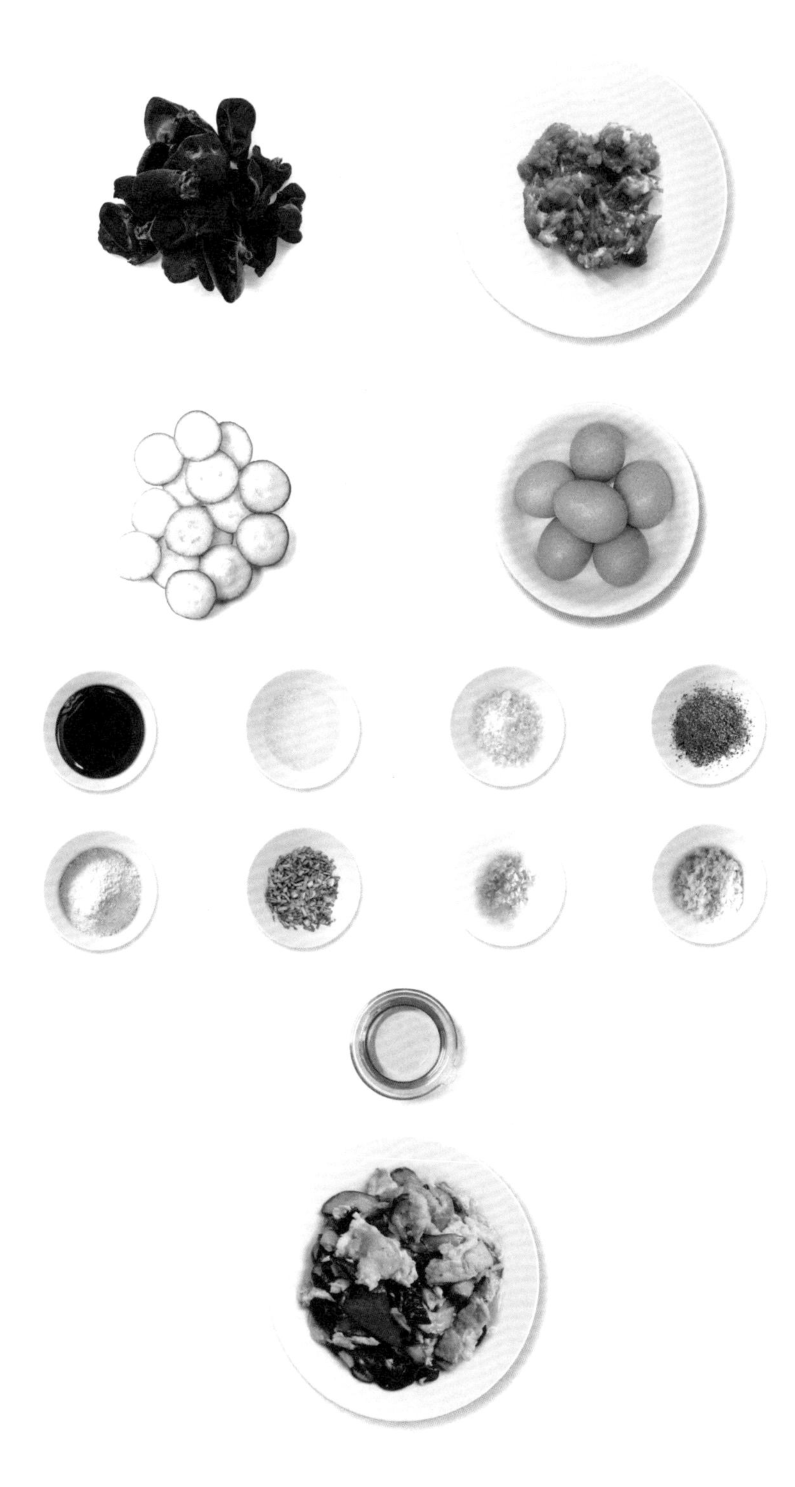

寒露

『九月节，露气寒冷，将凝结也。』

《月令七十二候集解》

萝卜

Raphanus sativus L

萝卜是十字花科萝卜属二年或一年生草本植物，直根肉质，长圆形、球形或圆锥形，外皮绿色、白色或红色，茎有分枝，无毛，稍具粉霜。萝卜味甜、脆嫩、汁多，“熟食甘似芋，生荐脆如梨”。

菊花开遍满城的时候就是寒露了。中国古代将寒露分为三候：“一候鸿雁来宾；二候雀入大水为蛤；三候菊有黄华。”前两者降临的时候，恐怕还很少人察觉，但是当菊之黄华尽染目之所及的风光之时，人们便知道是时候吃些萝卜补补气了。

人们常常说“冬吃萝卜夏吃姜”，其实吃萝卜的戏码一年四季从未谢幕，而萝卜最好的时光已然从秋季便开始了。

萝卜在中国历史悠久，品种也相当齐全。中国萝卜按照生态型可以划分为4个基本类型：秋冬萝卜、冬春萝卜、春夏萝卜和夏秋萝卜。汪曾祺也曾经专门写了一篇《萝卜》，里面林林总总大约提及八种萝卜，生食、煮食、腌制皆相宜。

萝卜有红有青，最为常见的是白萝卜。江南地区若是觉得今日身体寒气陡生，十有八九会寻几根萝卜与排骨共炖。萝卜沙沙地去皮，菜刀划拉几道，便脆生生地分开来，汁水循着出口淌到案板上，一时间厨房里便是初晨寒露的味道，还捎着一股与别物迥异的清透甜味。

在汤水中上下翻腾的萝卜即便是炖到软烂，吃到嘴里还是筋骨犹存，清甜依旧，直教肉汤都风雅脱俗了几分。

在其他地方，萝卜的吃法虽然各有特色，却总有异曲同工之妙。比如北京会用萝卜切片汆羊肉汤，无非也是想借萝卜吸取羊肉的鲜香，同时增添清爽，四川人则喜欢用白萝卜炖牛肉。不过，顶顶有趣而别致的吃法大概还是要数生食，可以随摘随吃，也可以稍加调味。生萝卜经过腌渍，具有了更为复杂的风味，或酸，或甜，或辣，而芯里面是一如既往的甜，口感是始终如一的脆，这才是最本真的萝卜呀。

腌渍萝卜

食材

白萝卜

配料

糖、盐、白醋、生抽

做法

萝卜切片之后码在容器中，码一层就撒一点盐；

腌制15分钟之后，倒掉水，再加入一大勺白糖，拌匀之后腌制15分钟；

然后洗净萝卜，沥干；

在萝卜中加入生抽、白醋和冷开水调和的酱汁；

搅拌均匀后腌制入味即可。

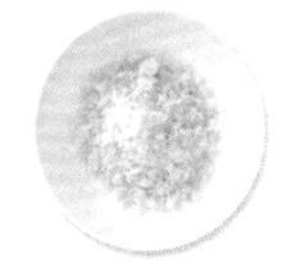

霜降

『九月中，气肃而凝，露结为霜矣。』

《月令七十二候集解》

南瓜

Cucurbita moschata (Duch. ex Lam.) Duch. ex Poiret

南瓜是葫芦科南瓜属的一个种，一年生蔓生草本植物，茎常节部生根，叶柄粗壮，叶片宽卵形或卵圆形，质稍柔软，叶脉隆起，种子多数呈长卵形或长圆形。

冬天的肃杀在霜降已经初见端倪。豺乃祭兽、草木黄落、蛰虫咸俯，万物已有颓势，豺狼也开始囤积食物。一夜白霜冻结便仿佛将人也冻得苍老了，这个时候便需要一块既能扮演菜肴，又能充当点心，同时是当之无愧的主食南瓜来暖心暖胃。

南瓜从来都是接地气的，即便是出现在《红楼梦》中也是从刘姥姥口中说出："花儿落地结个大倭瓜"。这里的倭瓜其实就是指南瓜，因为最早的时候人们误以为南瓜是从日本舶来的食物，所以将其称为"倭瓜"。而其实这种亮黄甜糯的植物最早出现在南美洲，李时珍曾经在《本草纲目》中这样写道："南瓜种出南番，转入闽浙，今燕京诸处亦有之矣。二月下种，宜沙沃地，四月生苗，引蔓甚繁，一蔓可延十余丈……其子如冬瓜子，其肉厚色黄，不可生食，惟去皮瓤瀹，味如山药，同猪肉煮食更良，亦可蜜煎。"

南瓜只要熟了就是好吃的，即便是厨房新手也很难将南瓜料理得有失水准。在市面上通常可以买到圆形或者长条形的南瓜，前者口感细腻绵糯，后者口味甜润。煮粥或者煮面条的时候，可以切两块南瓜一起扔进去煮。在热力的作用下，南瓜散开丝丝缕缕，甜意毫无保留地倾泻出来，直到最后你很难找到一块完整的南瓜，却能在每一滴汤水或者每一颗米粒中尝出不容分说的南瓜味。最偷懒的是直接将切块的南瓜上锅蒸。南瓜以肉眼难辨的速度变化着，从爽利化成绕指柔、凝脂肌。一口下去，简直是让人陷入了温柔乡，至于滋味么，“一半很甜，另一半带点隔夜的木樨花味”。

奶油南瓜汤

食材

南瓜、牛奶

配料

奶油

做法

南瓜切块蒸熟；

与牛奶一起搅拌成泥；

将南瓜泥放入锅中，按照口味加入奶油搅拌均匀，稍微加热即可。

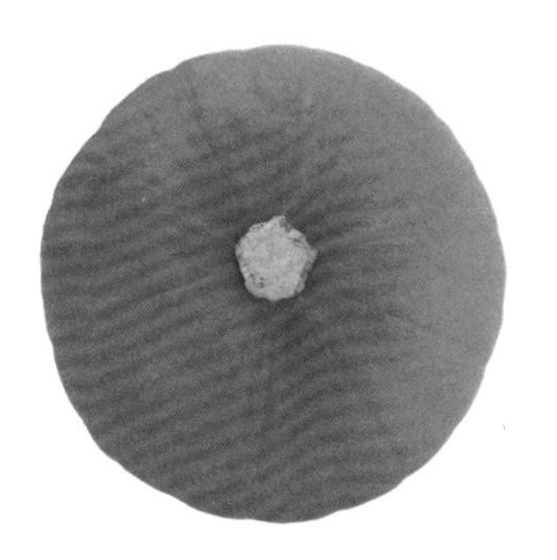

立冬

『斗指乾，为立冬，冬者，终也，万物皆收藏也。』

《孝经纬》

香菇

Lentinus edodes (Berk.)sing

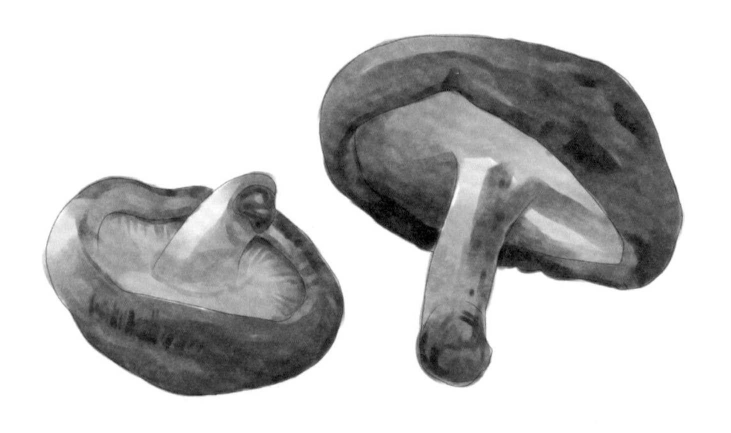

香菇，又名花菇、香蕈、香信、香菌、冬菇、香菰，为侧耳科植物香蕈的子实体。香菇是世界第二大食用菌，也是我国特产之一，在民间素有“山珍”之称。

立冬的“冬”还是温柔的，正像是这个时候的香菇。

虽然与木耳同为真菌，同样是常见于潮湿陈腐之地，香菇却显得可爱许多，大概是因为伞形外表实在讨喜，表面光滑潮湿的触感也恰似孩童柔嫩的面颊。

几场雨过后，香菇就迫不及待要钻出地面了。一簇簇扎堆在树木脚跟边，它有着稚嫩的外表，常常让人怀疑：就是这家伙发散出如此浓烈的香气么？将它小心翼翼采摘下来，为了更好地保存，可以烤制成干。原本每一个细胞都丰沛的香菇蜷缩成小小一朵，柔软不再，佝偻着，活似个上了年纪的老太太。

不过，让香菇回春可比返老还童简单多了，给它一盆水，它就能咕噜咕噜喝个饱。香菇本该是空有香气，实则寡淡的。细心的主妇们早就看穿了这一点，最擅长将香菇与油盐酱醋一顿猛烈地碰撞，细嫩光滑的香菇挂上勾芡过的酱汁，只靠一点点浅薄的味道，再加上自身浓郁的香气，就足以在餐桌上称王称霸。当然，也有独沽纯粹一味的，那就用来煮汤。那时候的香菇便是如鱼得水，什么都不用挂，只做一片奇香四溢的香菇便能让一整锅汤都发光。

香菇酿肉

食材

香菇、猪肉

配料

盐、糖、料酒、生抽、生粉、姜、葱

做法

将香菇洗净泡发，去掉香菇把备用；

将猪肉剁碎，加入盐、糖、料酒、生抽、生粉和葱姜调味；

将肉馅填充到香菇盏中；

隔水蒸15分钟即可。

小雪

『小雪气寒而将雪矣，地寒未甚而雪未大也。』

《群芳谱》

芡实

Euryale ferox

芡实，又名鸡头米、卯菱、乌头、水鸡头、刺莲蓬实、刀芡实、鸡头果、苏黄、黄实，为睡莲科植物芡的干燥成熟种仁。

时间行至小雪，天空总是阴沉着一张脸，好像随时随地就要纷纷地落一场薄雪下来，这样一来，反而衬得欲残枫叶愈发好看，梅花虽未盛放，却已然能感知到香气正在酝酿。

在此之前的一个月，正是苏州芡实的好时节，现在正是拿出来熬一锅芡实粥的最佳时机。芡实因为形似鸡首，所以更为人熟知的称号是“鸡头米”。芡实并非姑苏特有，从南到北，但凡潮湿低洼之地都可以种植芡实，故而可以大致分为“南芡”与“北芡”，南芡又被称为苏芡，从成色和名声来看，都应当视为最佳。

鸡头米原先也并未多么精贵，只是这些年乏人种植和手工采摘，再加之名声愈响，倒被捧得高不可攀了。每年9月中旬到10月上旬就是苏州鸡头米上市的季节，有远见的人家一定会买一些存在家中，无论是炖汤还是熬粥，上好的鸡头米都能为之增色不少。

在江浙地区，还有一种叫做芡实糕的点心，以芡实粉和糯米粉一起蒸制，两处糯软相合，入口便是一句酥人筋骨的吴侬软语。当然，现在的芡实糕已经很难品出芡实的味道，江南人私心里大概还是不愿与人分享这愈发珍稀的水中人参的吧。还不如一股脑儿熬作粥，文火慢煮，任由芡实开花，质地绵厚，然后一鼓作气趁热服下，哪还管他大雪小雪，满心满肺都只是融暖。

山药薏米芡实粥

食材

山药、芡实、薏米、糯米

配料

冰糖

做法

芡实、薏米、糯米洗净后在水中浸泡2小时；

山药去皮洗净后浸泡备用；

将所有食材放入炖锅中熬煮到开花即可，还可以根据个人口味加入冰糖调味。

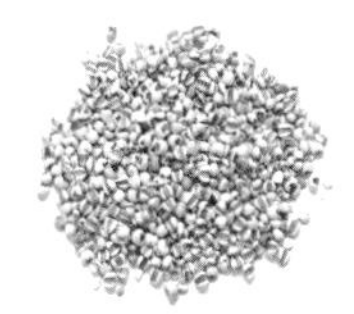

大雪

『大雪，十一月节，至此而雪盛也。』

《月令七十二候集解》

Sagittaria sagittifolia L.

茨菰

茨菰也作“慈姑”，本是指生长在水田中的多年生草本植物，叶如箭，花白色，现在更多的是指这种植物的地下茎，可食用。

如果吃不了茨菰的“苦”，那就真的很难体会在大雪时节里来一碗茨菰烧肉的富足快活。

北方人大约是长大了才略微听说过茨菰，然而对于南方孩子来说，即便是从小就吃，也大多要在长大了才能体会它的妙处，就连口味向来不窄的汪曾祺小时候也因为茨菰的苦味而对它没有好感。

茨菰生于水长于水，娇小玲珑，每一颗上面都有一粒顶芽，俏生生挺着，十足骄傲，似乎打定主意了要做不一样的蔬菜。成也清波败也清波。处理茨菰的时候一定要多削掉一点皮，否则会有皮蛋的味道。对半利落切开，与红烧肉一起烹煮，吸油吸味，抢戏得很。不过，不熟悉的人很难不把它误认为是土豆或者芋头，但咬下去你就知道了：土豆的面是厚的，而茨菰虽浓却薄，如这个时节里洋洋洒洒的一场雪，厚重而轻盈，而沈从文更是直言：

“这个（茨菰）好！格比土豆高。”

苏童曾经有一篇叫《茨菰》的短篇小说，乡下姑娘彩袖会在无人的厨房偷吃一块茨菰烧肉，大抵是吃过了生活的苦，茨菰烧肉才愈发好吃。这么想起来，茨菰也算是一种有故事的味道了。

茨菰烧肉

食材

五花肉、茨菰

配料

葱、八角、姜、料酒、老抽、冰糖、盐、油

做法

茨菰削皮备用；五花肉切块在滚水中焯30秒，沥干备用；

七成热的油锅中放入葱姜和八角爆香，再放入五花肉块、冰糖煸炒；

在锅中倒入料酒和老抽翻炒；

五花肉上色之后转入砂锅，倒入开水用大火烹煮，水开后再用小火烧20~30分钟；

然后加入茨菰煮20分钟，加入盐、生抽调味；

茨菰熟透后再加入冰糖，最后大火收汁即可出锅。

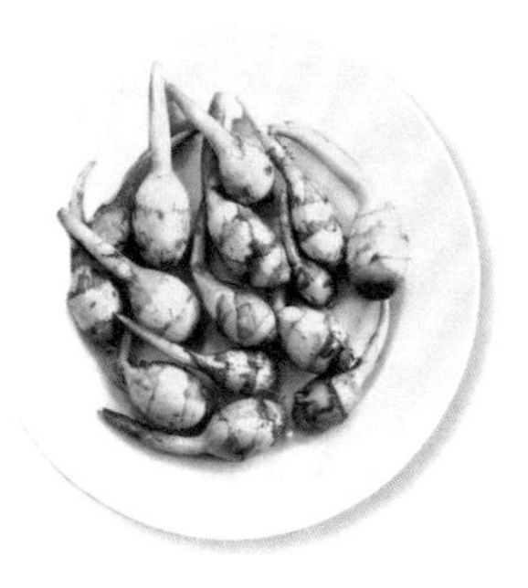
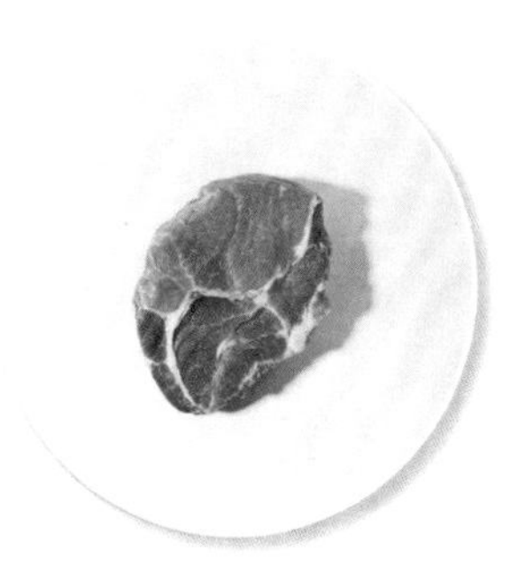

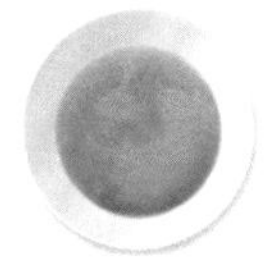

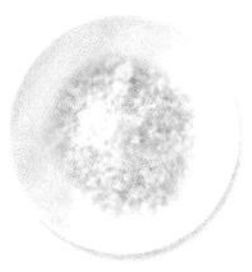

『冬至，十一月中。终藏之气至此而极也。』

《月令七十二候集解》

莲子

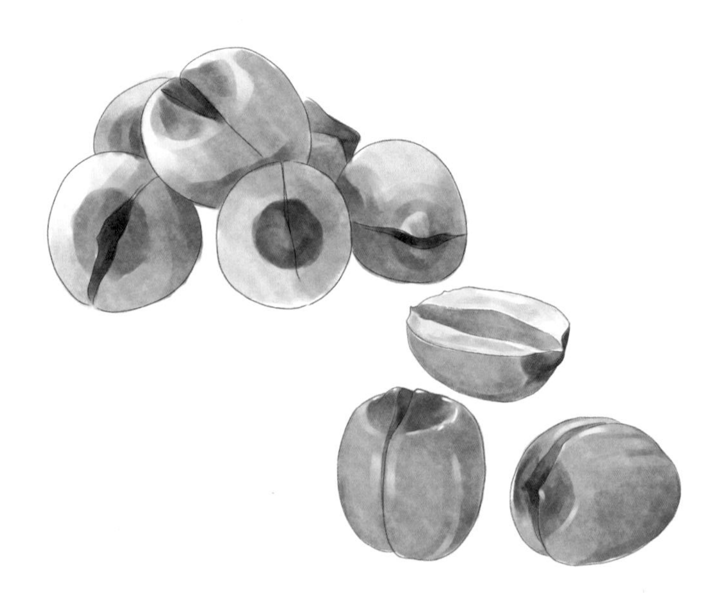

莲子是睡莲科植物莲的干燥成熟种子，颗粒圆润，清香甜润。

到了冬至，似乎便到了一个交替的节点。此时阴极之至，阳气始生，北半球也迎来了最短的白昼和最漫长的黑夜。这样的气候里，“进补”成了逐渐慵懒的生活中至为关键的一环，是以除了吃饺子、羊肉等温暖之物，一盏银耳莲子羹也是冷夜里难得的慰藉。

说到莲子，眼前浮现出的画面似乎多与日长风光好的夏日有关。“船动湖光滟滟秋，贪看年少信船流。无端隔水抛莲子，遥被人知半日羞。”“莲”谐音“怜”，在中国古代向来都寄托着暧昧情愫，而粉面圆润的莲子也像极了最好时光里少男少女的面颊。夏日里的莲子自然是清新之极，而这样的温润倘是留到冬至，便极尽温润了。

在最安静的长夜里，文火炖一盅红枣莲子羹，突突突，汤羹吐着泡泡，打破一室寂静。耐心地在一旁守候，观望着，红枣绽开成花，花蕊丝丝缕缕从矜持的表皮里探出来。银耳熬煮到透明肥润，云朵一般上下浮动着。莲子是最淘气的，躲在底下，慢慢张开一个小口，欲语还休，莫不是还有未说完的少年情事？

听不分明就偷吃一颗，牙刃切开莲子，才知道，原来想说的情话早就藏在满肚子的甜润软糯里了呢。

红枣莲子羹

食材

莲子、红枣、银耳

配料

冰糖

做法

将银耳洗净，放入温水中泡发30分钟，然后撕成小块备用；

红枣洗净备用，莲子去芯，洗净后用水浸泡30分钟备用；

在炖锅中加入足量的水，烧开后先放入莲子和银耳，等到莲子开口，再加入红枣。以小火炖2个小时，直到炖出银耳的胶质，羹汤变黏稠；

最后按照口味加入冰糖，待溶化后即可出锅。

小寒

『小寒，十二月节。月初寒尚小，故云，月半则大矣。』

《月令七十二候集解》

冬笋

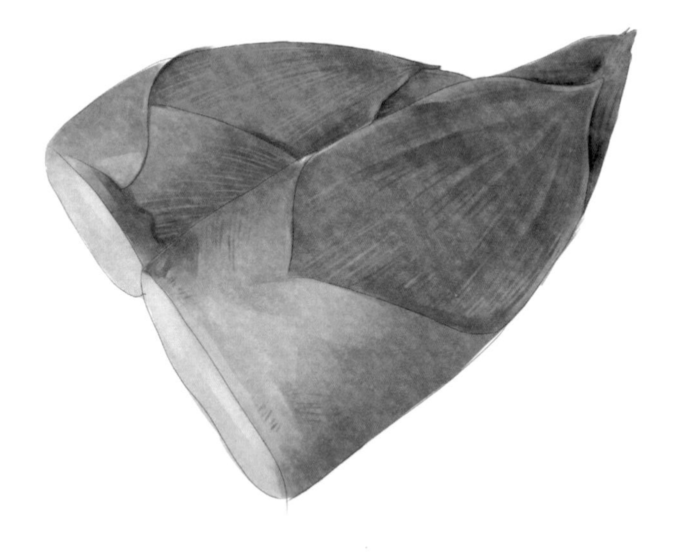

冬笋是立秋前后由毛竹（楠竹）的地下茎侧芽发育而成的笋芽，因尚未出土，所以口感细嫩。

从小寒开始，一年中最寒冷的时节才真正来到。雁北乡，鹊筑巢，雉始鸣，最先感知到料峭寒意的生灵开始忙碌，有一样食材却兀自在土壤里静候被挖掘，那便是冬笋。

常有人叹“尝鲜无不道春笋”，俏生生冒出一点绿的春笋着实惹人喜爱，不过在隆冬掘出的笋芽因凝着的霜雪之气更有几分“俊”。

《东观汉记》中曾将冬笋称为“苞笋”，味美于春笋、夏笋。笋的滋味自是各人有各自所爱，不过就烹饪方法看来，肉质肥厚的冬笋似乎比春笋更“接地气”。

挖冬笋是要找老手的。藏于土中，表无迹象，挖笋人要根据竹枝发展找到地下茎的方向，如此才能挖到冬笋。沾满泥土的浅黄表面看上去苍老得很，剥开层层叠叠的外皮，里面赫然藏着一个清俊少年。不似俏姑娘春笋只容得油炒的娇嫩，少年气正盛，炒、炖样样吃得消。

梁实秋笔下曾记录了北平馆子是如何料理金贵的冬笋：“东兴楼的‘虾子烧冬笋’，春华楼的‘火腿煨冬笋’，都是名菜。过年的时候，若是以一蒲包的冬笋一蒲包的黄瓜送人，这份礼不轻，而且也投老饕之所好。”而老饕汪曾祺则是闲情一起，便想炒一盘雪里蕻冬笋，即便是遇上咬不动的冬笋老根，随手扔进江浙特有的“臭卤”中，发酵转化成闻着臭入口香的美味。

寻常人家若是得了几枚新鲜冬笋，大多是趁着热油锅炒上一盘油焖冬笋。浓油赤酱一染上少年的衣袂，俊少年成了贵公子，而当你怀着担忧的心情咬下第一口的时候，啊，脆爽如故，平添潇洒。想必无论到何时，有些光华总是不为尘土、烈火、热油所消磨的。

油焖冬笋

食材

鲜冬笋、姜、蒜

配料

冰糖、生抽、老抽、盐、油

做法

冬笋去老根后切片；

烧一锅滚水，将冬笋倒入焯5～6分钟，捞出沥干备用；

烧热油锅，冬笋吸油，油要放足，把姜蒜爆香；

加入笋片，翻炒到表面焦黄，加入冰糖、生抽、老抽调味；

倒入清水焖5分钟，最后大火收汁出锅。

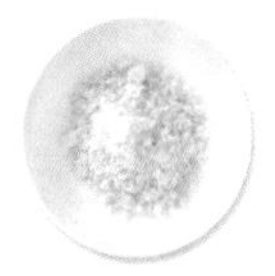

大寒

『大寒为中者，上形于小寒，故谓之大……寒气之逆极，故谓大寒。』

《三礼义宗》

水芹

Oenanthe javanica (Blume) DC

水芹别名水英、楚葵、刀芹、蜀芹、野芹菜等。属于伞形科、水芹菜属，多年水生宿根草本植物。

单是听到“大寒”的名号，就已经让人不自觉惊颤一下。中国古代将大寒分为三候：“一候鸡乳；二候征鸟厉疾；三候水泽腹坚。”等到河流的中间部分都冻到坚实，便知道大寒已然深烈。

万物冻结成一片死寂的沉默，一向最为轻佻的绿叶菜也在这个时候偃旗息鼓，偏生中国最重要的传统节日春节和尾牙祭、祭灶和除夕都一股脑儿扎堆在此时，正是需要佳馔的时候。各色腌腊、鸡鸭鱼肉自然是少不了，最头疼的绿叶菜留下一片空白！这时候江湖救急的少侠水芹便上场了。

水芹也被叫做“水英”，私心里以为，这个名字更符合水芹的秉性。水芹是吃过苦的蔬菜，采芹菜的人是吃过苦的农人。在一年中最寒冷的几天里，穿着连体胶衣踩进水塘中，从沁骨寒凉的水中捞起水芹，绿色茎叶扬起一道水汽，地下的根茎因为深埋在淤泥中反倒显得白嫩优雅，不染一尘。也许正是因为这样，水芹比那些粗壮结实的芹菜更多了几分水波荡涤出的逼人英气。

水芹的少侠义气是蔬菜里面很少见的，出淤泥而不染，濯寒波而风雅的特质在《吕氏春秋》里赢得美名：“菜之美者，云梦之芹。”而最会吃的苏东坡更是讲究吃得有格调：“煮芹烧笋饷春耕”。在江南人家的年夜饭餐桌上，即便说话哈白气，也总归是少不了一盘凉拌水芹的。清白的一把，腰肢柔软却脆劲十足，毫不谄媚，即便是最接近根部的那一段白嫩也是韧中有脆。水芹内心中通，芹又谐音“勤”，在一年一度团聚的节日里，想来每一道菜登上年夜饭桌并非仅仅是因为填补空白，更因为寒气未消的每一丛都寄托着美好的期许，这大概就是食物于人的更大意义，除了温饱，还有让人稳妥过好下一年的希望。

凉拌水芹

食材

水芹

配料

盐、糖、香油

做法

水芹洗净之后放入开水中焯熟；

取出沥干后切段；

加入盐、糖和香油调味拌匀即可。

后记

我一直向往自己的文字可以变成铅字，这次终于有机会能够实现，实在是托太多人的福。

首先要感谢的是带我入门的前辈们。我从来觉得“吃”是一件极简单又很私人的事情，以前也很不喜欢看那些所谓的美食评论。“好吃”与“不好吃”从来不是旁的人说了算的，说到底还不是萝卜青菜各有所爱。但后来遇到了很多这个领域的前辈们，在他们或风趣或锋利的文字里，慢慢可以品出食材与食材，人与人之间的灵犀之处，比如时令节气，比如乡愁之味……

其次也要谢谢帮着我一起回忆季节水灵滋味的小伙伴们。天南海北这么大，多一张嘴就可以多了解一点知识。通过他们的记忆和叙述，仿佛可以在一天之间走过四海的春夏秋冬、山野河流。我想，有些风景和味道最美的时候就是在真正抵达之前。

最后一定要感谢的是这本书的编辑和插画师。她们忍受了我严重的拖延症，极尽包容却严谨地帮助我不断完善和丰富内容，让四季的食材能够更为人们所知。它们有些至今还活跃在我们的餐桌上，而有些已经鲜为人知，但是无论如何，只要曾经生长在这片土地上，只要我们曾经仰赖它们的供养，那么一切生命就值得被纪念。

我的文字甚为浅薄，甚至还有很多不足之处，但是只要你看到了它们，我的愿望就达到了：回到餐桌，细啖四季。

萧茅

二〇一七年冬月于京